BEI GRIN MACHT SICH IHR WISSEN BEZAHLT

- Wir veröffentlichen Ihre Hausarbeit,
  Bachelor- und Masterarbeit

- Ihr eigenes eBook und Buch -
  weltweit in allen wichtigen Shops

- Verdienen Sie an jedem Verkauf

Jetzt bei www.GRIN.com hochladen und kostenlos publizieren

Thomas Linke

Tägliche Mathe-Übungen für Klasse 5

GRIN Verlag

Bibliografische Information der Deutschen Nationalbibliothek:

Die Deutsche Bibliothek verzeichnet diese Publikation in der Deutschen National-
bibliografie; detaillierte bibliografische Daten sind im Internet über http://dnb.d-
nb.de/ abrufbar.

Impressum:

Copyright © 2015 GRIN Verlag, Open Publishing GmbH
Druck und Bindung: Books on Demand GmbH, Norderstedt Germany
ISBN: 978-3-656-92873-7

Dieses Buch bei GRIN:

http://www.grin.com/de/e-book/295139/taegliche-mathe-uebungen-fuer-klasse-5

Tägliche Übung Nr.1

1. $87 + 12 =$ 2. $7 \cdot 8 =$

3. $100 : 5 =$ 4. $121 - 32 =$

5. Wie viele Flächen, Ecken und Kanten hat ein Würfel?
   F: E: K:

6. a) 65 cm =   dm   b) 34000 g =   kg

7. Bestimme das Produkt von 4 und 15.

8. 4 h + 23 min + 120 s =

9. Male im abgebildeten Würfelnetz
   zwei gegenüberliegende
   Flächen farbig aus.

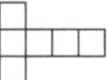

10. Ordne der Größe nach.
    3 km, 3005 m, 30000 mm

11. Familie Baum möchte um ihr
    Grundstück einen Zaun bauen.
    Wie viel Meter Gartenzaun
    benötigt sie dazu?

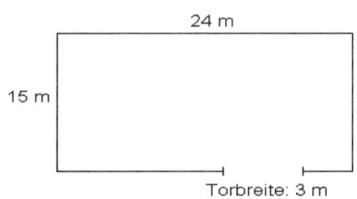

12. Zeichne zwei Geraden, die senkrecht zueinander stehen.

13. 47 Bonbons werden gleichmäßig auf sieben Kinder verteilt. Wie viele bleiben übrig?

14. Wie viel Zeit vergeht von 7:10 Uhr bis 8:05 Uhr?

15. Setze die Reihe um zwei weitere Zahlen fort!
    a) 15, 30, 45, 60, 75, …
    b) 1; 1; 2; 6; 24; …

Tägliche Übung Nr.2

1. $200 + 3 \cdot 10 =$ 2. $12 \cdot 5 =$

3. $341 - 42 =$ 4. $75 : 3 =$

5. Die Oberfläche des abgebildeten Körpers besteht aus Quadraten und Dreiecken. Wie viele Flächen sind es insgesamt?

(**A**) 6   (**B**) 8   (**C**) 9   (**D**) 10   (**E**) 12

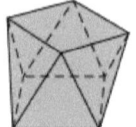

6. $3{,}0 \text{ km} - 400 \text{ m} =$ 7. $5200 \text{ g} + 10 \text{ kg} =$

8. Wer ist der schwerste Junge?

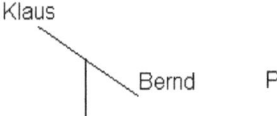
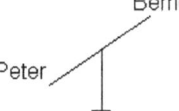

9. Schreibe mit Ziffern.
   - vierhundertsechsundzwanzigtausend
   - dreihundertsiebzigtausendfünfhundertacht

10. a) Skizziere das 4. Bild.
    b) Aus wie vielen Quadraten besteht das 5. Bild?

1. Bild	2. Bild	3. Bild	4. Bild
□			

11. Nenne Vorgänger und Nachfolger der Zahl 899.

    Vorgänger: Nachfolger:

12. Rechne um!

    a) 8cm =   mm   b) 2m =   cm

    c) 4 Liter =   ml   d) $2\frac{1}{2}$h =   min

13. a) 12:43 Uhr   ➜ 40 Minuten <u>später</u> ➜ .... Uhr
    b) 03:53 Uhr   ➜ 55 Minuten <u>früher</u> ➜ .... Uhr

Tägliche Übung Nr. 3

1. $7 \cdot 6 + 15 =$ 2. $1000 - 2 =$

3. $35 - 5 \cdot 4 =$ 4. $(250 + 50) : 5 =$

5. Bestimme die Differenz von 33 und 17

6. Eine Schnecke kriecht auf einem rechteckigen 10 m langen, 7 m breiten Beet herum. Ihr Weg von der linken unteren zur linken oberen Ecke ist mit einer dicken Linie gezeichnet. Wie lang ist er?

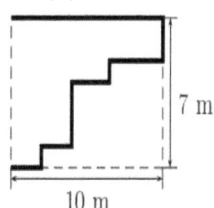

   (A) 44 m   (B) 27 m   (C) 34 m   (D) 50 m   (E) 70 m

7. Ergänze folgende Additionspyramide.

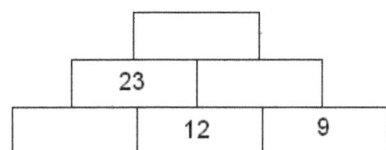

8. $4,50€ + 3,10€ =$

9. Setze das richtige Zeichen. ($<$, $=$ oder $>$)
    a)   55 055   50 555
    b)   10 · 300   100 · 30

10. Bestimme den Umfang des
     Dreiecks in Metern.

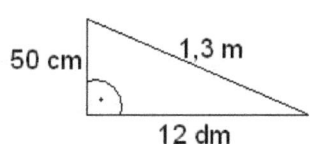

11. Welche der folgenden Figuren ist kein Rechteck?

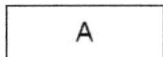   

12. Alle Kanten eines Würfels sind zusammen 48 cm lang.
     Wie lang ist eine Kante?

13. Rechne um!
     a) 2,5cm =   mm   b) 240s =   min

     c) 2,5t =   kg   d) 3m=   dm

Tägliche Übung Nr. 4

1. $4 \cdot 8 + 11 =$ 2. $2 \cdot (23 - 17) \cdot 4 =$

3. $19 \cdot 28 \cdot 0 \cdot 17 =$ 4. $60 : 5 + 4 =$

5. $250 \text{ g} + 1,5 \text{ kg} =$ 6. $10 \text{ km} - 400 \text{ m} =$

7. Bestimme das Produkt aus 13 und 4

8. Trage folgende Zahlen in eine selbst erstellte Stellenwerttafel ein.

   a) 5493   b) 30031   c) 383024   Zusatz: 1384028

9. Bestimme x. $5 \cdot x + 2 = 47$

10. Gib für die folgenden Aussagen an, ob sie wahr oder falsch sind.
    a)   Jedes Rechteck hat 4 gleichlange Seiten.
    b)   Jedes Quadrat ist auch ein Rechteck.

11. Für welche Zahlen stehen A, B und C?

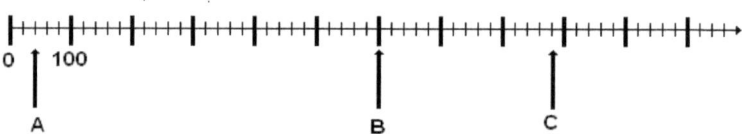

12.
    Lena hat beim Schulfasching das Eintrittsgeld kassiert, nun hat sie neun 10-Euro-Scheine, neun 1-Euro-Münzen und zehn 10-Euro-Cent-Münzen. Wie viel ist das?

    (A) 100 €   (B) 99,10 €   (C) 991 €   (D) 90,10 €   (E) 9901 €

13. a) 05:34 Uhr   → 30 Minuten <u>später</u> → .... Uhr
    b) 22:22 Uhr   → 40 Minuten <u>früher</u> → .... Uhr

14. Rechne um!
    a) 27 cm =   mm   b) 3,5 kg =   g
    c) 0,5 m =   cm   d) 500 ml =   Liter

15. Rechne schriftlich!
    a) 47290 + 58723 =   b) 47989 - 43656 =

Tägliche Übung Nr. 5

1. $7 \cdot 4 + 35 =$ 2. $2 \cdot 3 \cdot 4 =$

3. $(33 - 28) \cdot 3 =$ 4. $6,2 : 10 =$

5. $\frac{1}{2} \text{kg} + 500\text{g} + 1,5 \text{ kg} =$ 6. $5 \text{ km} - 1500 \text{ m} =$

7. Bestimme die Differenz aus 32 und 8.

8. Trage folgende Zahlen in eine selbst erstellte Stellenwerttafel ein.

    a) 7007   b) 67067   c) 950095

9. Bestimme x. $2 \cdot x + 8 = 22$

10. Finde zwei zusammengehörende Paare.

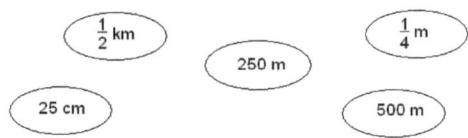

11. Ordne die Zahlen. Beginne mit der Kleinsten.

    333 030   422 310   323 040   423 130

12. Wie viele Meter sind das Sechsfache von 50 Zentimeter?

13. Welche Größenangaben könnten stimmen?
    Entscheide mit wahr oder falsch.
    a)   Die Zimmertür ist 2000 mm hoch.
    b)   Ein Neugeborenes wiegt 30,6 kg.

14. Rechne um!

    a) $27,5 \text{ cm} =$ mm   b) $3,5 \text{ kg} =$ g

    c) $0,5 \text{ m} =$ cm   d) $\frac{1}{4} \text{Liter} =$ ml

15. Rechne schriftlich!

    a) $42950 + 89583 =$ b) $92849 - 35564 =$

16. In der Additionsaufgabe stehen die drei Sterne für dieselbe Ziffer. Für welche?

    (A) 0   (B) 3   (C) 5   (D) 6   (E) 9

$$\begin{array}{r} 1\ \text{☆}\ 2 \\ +\ 1\ \text{☆}\ 3 \\ +\ 1\ \text{☆}\ 4 \\ \hline 3\ 0\ 9 \end{array}$$

Tägliche Übung Nr. 6

1. $6 \cdot 3 + 12 =$

2. $1 \cdot 5 \cdot 1 =$

3. $(45 - 25) : 4 =$

4. $150 \, cm =$ m

5. $2 \, Liter + 500ml + \frac{1}{2} \, Liter =$

6. $5 \, km - 1500 \, m =$

7. Bestimme das Produkt aus 9 und 11.

8. Schreibe mit Ziffern.

   a) siebentausendreihundertsiebzehn

   b) neunzehntausensiebenhundertvierzehn

   c) achthundertsechzehntausendfünfhundertsieben

9. Bestimme x. $3 \cdot x + 7 = 19$

10. Ergänze!

Vorgänger			1256	
Zahl	487	900		
Nachfolger				780000

11. Ein Fußballspiel beginnt 15:45 Uhr. Es dauert 90 Minuten und hat eine Halbzeitpause von 15 Minuten. Wann ist das Spiel zu Ende?

12. Suche jeweils die passende Einheit.

    a)   Ein Auto wiegt etwa 1 ... .

    b)   500 ... Wasser sind in einer Trinkflasche.

    c)   Ein Stück Butter wiegt 250 ... .

13. Rechne schriftlich!

    a) $42950 + 89583 =$ b) $92849 - 35564 =$

14. Wie heißen die zugehörigen Zahlen am Zahlenstrahl?

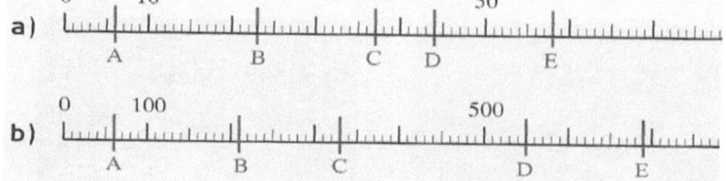

Tägliche Übung Nr. 7

1. $7 \cdot 4 - 13 =$
    2. $2 \cdot 6 \cdot 3 =$

3. $(12 + 5) \cdot 7 =$
    4. $25 \text{ cm} =$ dm

5. $2 \text{ Liter} + 500\text{ml} + \frac{1}{2} \text{ Liter} =$
    6. $7 \text{ t} - 400 \text{ kg} =$

7. Bestimme die Differenz von 27 und 12.

8. Nenne die Fachbegriffe der Addition!

    _____ + _____ = _____

9. Bestimme x.   **$15 : x - 4 = 1$**

10. Setze das richtige Zeichen. (<, = oder >)
    a)   22 022   20 222
    b) $1 \cdot 2 + 3$ $3 \cdot 1 + 2$

11. A) Runde auf Hunderter   12345
    B) Runde auf Tausender   56789

12. Max und Moritz haben 20 Euro und sollen diese so unter sich aufteilen, dass Max einen Euro mehr bekommt als Moritz.

    Wie viel Geld bekommt Max?

13. a) 14:20 Uhr   → 45 Minuten später → .... Uhr
    b) 13:20 Uhr   → 28 Minuten früher → .... Uhr

14. Rechne schriftlich!
    a) $7574 + 6775 =$ b) $64575 - 34364 =$ c) $764 \cdot 4 =$

Zusatz:

In Siris Halsband sind glänzende schwarze und schimmernde weiße Perlen:

Siri möchte 5 schwarze Perlen davon für ein Armband nehmen. Sie nimmt nacheinander Perlen von ihrem Halsband, jede einzelne entweder vom linken oder vom rechten Ende. Dabei will sie möglichst wenige weiße Perlen aus der Kette nehmen. Wie viele weiße Perlen muss sie mindestens aus der Kette nehmen?

  (A) 2   **(B)** 3   **(C)** 5   **(D)** 6   **(E)** 7

Tägliche Übung Nr. 8

1. $8 \cdot 5 - 22 =$ 2. $1 \cdot 2 \cdot 3 \cdot 4 =$

3. $(27 : 3) \cdot 3 =$ 4. $1700 \text{ g} =$ kg

5. Aus wie vielen Würfeln besteht dieses Bauwerk?

7. Bestimme das Produkt von 12 und 4.

8. Nenne die Fachbegriffe der Subtraktion!

_____ − _____ = _____

9. Bestimme x.   **33 : x − 11 = 0**

10. Setze das richtige Zeichen. ($<$, $=$ oder $>$)
    a)   5234   5243   b) $17 \cdot 2$ $3 \cdot 12$

11. A) Runde auf Zehner   3466
    B) Runde auf Zehntausender   575743

12. Stell dir vor, du würfelst mit einem Spielwürfel dreimal und addierst die Augenzahlen aller 3 Würfe.

    Die kleinstmögliche Summe ist: …..

    Die größtmögliche Summe ist: …..

13. a) 11:11 Uhr   ➔ 65 Minuten später ➔ …………….. Uhr
    b) 11:11Uhr   ➔ 45 Minuten früher ➔ …………….. Uhr

14. Ordne die Begriffe Differenz, Summe, Produkt und Quotient richtig zu.

    (A) $a \cdot b$ (B) $a + b$ (C) $a - b$ (D) $a : b$

14. Rechne schriftlich!
    a) $7577 + 3556 =$ b) $3546 - 3134 =$
    c) $245 \cdot 3 =$ d) $35721 : 3 =$

Zusatz:

2. In weiter Ferne ist die Silhouette eines Schlosses zu sehen. Welches der abgebildeten Stückchen einer Silhouette gehört nicht zum Schloss ?

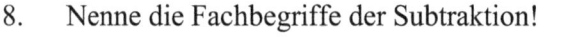

 (A)   (B)    (C)   (D)   (E)

Tägliche Übung Nr. 9

1. $3 \cdot 12 - 11 =$ 2. $(15 : 5) + (12 : 4) =$

3. $20mm + 25\ cm + 0{,}5m =$ 4. $2{,}2$ Liter $=$ ml

5. Welches Viereck hat genau vier gleichlange Seiten?

7. Bestimme die Summe aus 17 und 29.

8. Nenne die Fachbegriffe der Divison!

_____ : _____ = _____

9. Bestimme x.   **$25 : x + 12 = 17$**

10. 15 Hasen und 9 Hühner haben zusammen wie viele Beine?

11. A) Runde auf Hunderter   4673
    B) Runde auf Tausender   46753

12. Eine Zahl ist mit Plättchen in der Stellentafel dargestellt.
    Wie heißt die Zahl?

ZT	T	H	Z	E
•••••	•	•••	••••• ••••	••••

13. Zeichne alle Symmetrieachsen ein.

14. Woran erkennst du, dass eine Zahl gerade ist?

15. Rechne schriftlich!
    a) $4636 + 3462 =$ b) $84732 - 35623 =$

    c) $3562 \cdot 7 =$ d) $255304 : 7 =$

Zusatz:

4. Welches Ergebnis erhältst du, wenn du die Zahl 3 verdoppelst, die erhaltene Zahl wiederum verdoppelst, die Zahl 2 hinzuzählst und die dabei erhaltene Zahl nochmals verdoppelst?

(A) 16   (B) 18   (C) 24   (D) 26   (E) 28

Tägliche Übung Nr. 10

1. $5 \cdot 14 + 3 \cdot 7 =$ 2. $3^2 =$

3. $44 - 5 \cdot 4 =$ 4. $(17 \cdot 2) - 17 =$

5. $4671 : 9 = 519$ Wahr oder falsch?

7. Bestimme das Produkt aus 12 und 3.

8. Setze das richtige Zeichen. ($<$, $=$ oder $>$)
   a)   53 055   53 555
   b)   200 $\cdot$ 100   100 $\cdot$ 200

9. Berechne den Flächeninhalt und den Umfang des Rechtecks

   ```
   ┌─────────────────────────┐
   │                         │   2 cm
   │   8 cm                  │
   └─────────────────────────┘
   ```

10. Setze die Reihe um zwei weitere Zahlen fort!
    a) 40; 38; 34; 28; …
    b) 1; 2; 4; 7; 11; …

11. A) Runde auf Hunderter   9646
    B) Runde auf Tausender   97763

12. Ein Zug fährt 11:19 Uhr vom Leipziger Hbf. ab und kommt 13:52 in Berlin an. Wie lange fährt der Zug?

15 Rechne schriftlich!
   a) $758 + 2135 =$ b) $4789 - 1345 =$

   c) $7675 \cdot 4 =$ d) $75385 : 5 =$

Zusatz:

   Herr Linke hat einen Apfelbaum.

   Der Baum hat 11 starke Äste. An jedem Ast sind 7 Zweige. An jedem Zweig 5 Zweiglein. An jedem Zweiglein 3 Birnen.

   Wie viele Birnen erntet er?

Tägliche Übung Nr. 11

1. $25 - (9 + 6) =$ 2. $5 \cdot (10 - 4) =$

3. $8,4 \text{ km} + 900 \text{ m} =$ 4. _____ ct $+ 45$ ct $= 1$ €

5. Ergänze die Einheiten.

    a) In die Regentonne passen 200 ____ .

    b) Eine Unterrichtsstunde dauert 45 ____ .

    c) Die Masse eines Spitzmaulnashorns beträgt 1,5 __ .

7. Bestimme den Quotienten aus 33 und 3.

8. Finde alle Teiler!

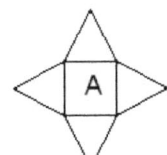
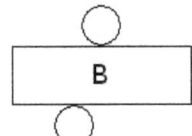
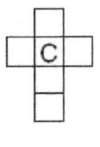

9. Zu welchen geometrischen Körpern gehören diese Netze?

10. Setze die Reihe um zwei weitere Zahlen fort!

    a) 4; 31; 58; 85; ...

    b) 5; 10; 30, ...

11. Zeichne auf Gitterpapier einen doppelt so großen Pfeil wie im Bild.

15 Rechne schriftlich!

    a) $63723 \cdot 3 =$ b) $47232 : 3 =$

Zusatz:

Wahr oder falsch? Die Zahl 45 678 ist durch 3 teilbar.

1. $33 - 12 \cdot 2 =$ 2. $5 \cdot 7 + 3 \cdot 11 =$

3. $1,5\,t + 1500\,kg + 1/2\,t =$ 4. $11 \cdot (3 - 3) =$

5. Bestimme die Differenz aus 120 und 70.

6. Bestimme die Differenz aus 120 und 70.

7. Finde alle Teiler!

9	
	9

34	
2	

40	
5	

8. Bestimme den 3. Teil von 120.

9. Überschlage den Restbetrag: 20 € - 3,85 € - 4,05 € - 85 ct

10. Michael denkt sich eine Zahl. Wenn er von dieser Zahl 750 subtrahiert, erhält er 306. Welche Zahl hat er sich gedacht?

11. Wie oft schlägt das Herz eines 2-jährigen Kindes etwa pro Stunde?

Der Puls schlägt pro Minute	
Nach der Geburt rund	140 mal
Beim Einjährigen rund	125 mal
Beim Zweijährigen rund	120 mal
Beim Zehnjährigen rund	90 mal
Beim Erwachsenen rund	72 mal
Im Alter rund	80 mal

12. Rechne schriftlich!
    a) $3456 + 3535 - 235 =$ b) $36784 : 4 =$

13. Setze das passende Zeichen ein (| oder ∤).

7	49		2	6879
3	234		4	444
9	511		5	54920

Zusatz:

Welche dieser Abbildungen ist ein Würfelnetz?

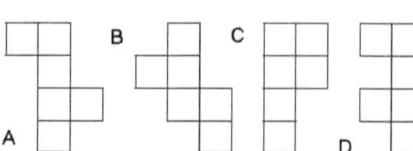

Tägliche Übung Nr. 13

1. $70 - 7 \cdot 8 =$ 2. $2 \cdot 9 + 7 \cdot 4 =$

3. $1,5\,t + 1500\,kg + 1/2\,t =$ 4. $3000 : 5 =$

5. Bestimme die Hälfte von 150€

6. Bestimme das Dreifache von 12kg

7. Finde alle Teiler!

6	

25	

54	

8. Ich denke mir eine Zahl. Vervierfache diese, subtrahiere 12 und erhalte 20. Welche Zahl habe ich mir gedacht?

9. Vermindere die Quadratzahl von 9 um die Quadratzahl von 7.

10. Zeichne zwei zueinander parallele Geraden.

11. Ergänze folgende Additionspyramide.

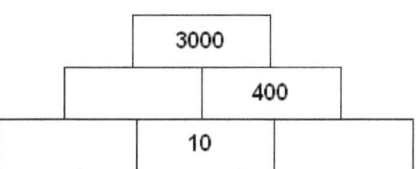

12. Rechne schriftlich!
    a) $5782 - 1634 + 356 =$

    b) $35677 \cdot 7 =$

13. Setze das passende Zeichen ein (| oder ∤).

    a) 5   45   d) 6   48
    b) 2   8340   e) 8   96
    c) 9   5112   f) 3   6363

14. Du spielst mit Freunden mit einem Spielwürfel.
    Die Spielregeln gelten für einen Wurf.
    Welche Regel würdest du wählen, wenn
    möglichst viele Punkte erreicht werden sollen?

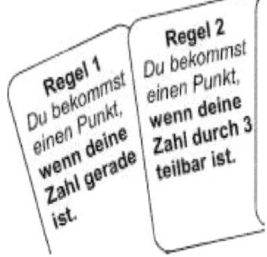

Regel 1
Du bekommst einen Punkt, wenn deine Zahl gerade ist.

Regel 2
Du bekommst einen Punkt, wenn deine Zahl durch 3 teilbar ist.

Zusatz:

4,300 km + 560 m + 0,850 km +   km

13

Tägliche Übung Nr. 14

1. $5 \cdot 3 + 20 =$ 2. $2^3 + 3^2 =$

3. $(22 - 12) \cdot 7 =$ 4. $13 + x = 44$

5. Bestimme die Hälfte von 56€

6. Bestimme das Vierfache von 250ml

7. Setze das passende Zeichen ein (| oder ∤).

4	100	2	118
5	124	3	9312
9	486	7	84

8. Wenn man bei einem regelmäßig sechseckigen Stück Papier (s. Zeichnung) jede zweite Ecke in die Mitte faltet, so dass die Ecke genau auf den Mittelpunkt des Sechsecks trifft, dann ist die Faltfigur ein

   (A) Quadrat   (B) Dreieck   (C) sechseckiger Stern

   (D) Zwölfeck   (E) Sechseck

9. Schreibe als Potenz! (Zusatz: Berechne den Wert der Potenz)

   a) $2 \cdot 2 \cdot 2 =$ b) $3 \cdot 3 \cdot 3 \cdot 3 =$ c) $4 \cdot 4 =$

10. Vergleiche ($<$; $>$; $=$)

   a) $5 \cdot 8$ und $8 \cdot 5$ b) 3^3 und $9 \cdot 3$ c) $\sqrt{36}$ und 5

11. Ergänze folgende Additionspyramide.

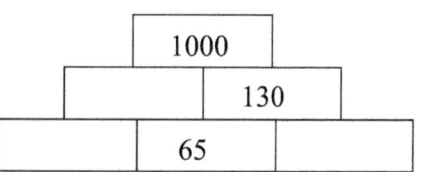

12. Rechne schriftlich!

   a) $7346 - 4636 + 1245 =$

   b) $292296 : 8 =$

Zusatz:
Suche den passenden
Bauplan.

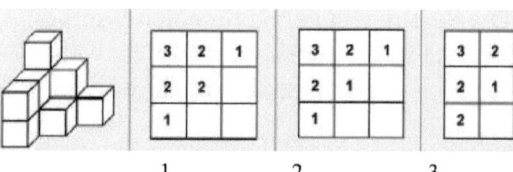

Tägliche Übung Nr. 15

1. $18 : 3 + 12 \cdot 2 =$

2. $3^3 =$

3. $21 - 3 \cdot 7 =$

4. $(33 : 3) + (44 : 4) =$

5. 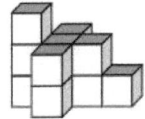 Übertrage und ergänze den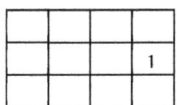

   Bauplan.

6. Herr Linke möchte am Wochenende nach Berlin fahren. Sein Zug fährt 11:19 Uhr vom Leipziger Hbf. ab und kommt 13:52 in Berlin an. Wie lange fährt der Zug?

7. Vergleiche ($<$; $>$; $=$)
   a) 2^3 und 9   b) 5^2 und $5 \cdot 5$ c) 12^2 und 5^3

8. Nenne alle Teiler von 20!

9. Nenne die ersten fünf Primzahlen!

10. Setze die Reihe um zwei weitere Zahlen fort!

    a) 1; 1; 2; 6; …
    b) 100; 50; 150; 50; 200; …

11. Die Fluss Überfahrt
    Am Ufer eines Flusses steht ein Mann (M) mit einem Wolf (W), einer Ziege (Z) und einem Kohlkopf(K). Der Mann möchte den Wolf, die Ziege und den Kohlkopf mit einem Boot auf die andere Seite des Flusses bringen. In dem Boot passen aber nur der Mann und ein weiterer Gegenstand. Wichtig ist, dass der Wolf nicht mit der Ziege und die Ziege nicht mit dem Kohlkopf alleine gelassen wird. In welcher Reihenfolge muss das Übersetzen erfolgen?

12. Rechne schriftlich:

    a) $4795 + 8963$ b) $359786 - 5354$
    c) $13 \cdot 13 + 111 \cdot 7$ d) $25872 : 7 =$

Tägliche Übung Nr. 16

1. $22 : 2 + 17 \cdot 2 =$ 2. $4^3 =$

3. $23 + x = 55$ (Wie groß muss x sein, damit die Gleichung stimmt?)

4. $(17 + 34) + (444 : 4) =$

5. Vermindere 321 um 123!

6. Herr Linke möchte am Wochenende nach München fahren. Sein Zug fährt 9:23 Uhr vom Leipziger Hbf. ab und kommt 13:44 in München an. Wie lange fährt der Zug?

7. Vergleiche ($<$; $>$; $=$)
   a) 3^3 und 21   b) 2^2 und $3 \cdot 2$ c) 11^2 und 4^3

8. Nenne alle Teiler von 13!

9. Nenne die ersten fünf Primzahlen, die größer als 10 sind!

10. Setze die Reihe um zwei weitere Zahlen fort!
    a) 100; 91; 83; 76; …

11. Für alle Figuren gelten bestimmte Gesetzmäßigkeiten. Zeichne die fehlende Figur.

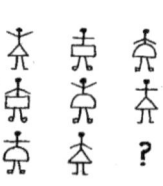

12. Welches Stadtwappen ist symmetrisch?

Grimma   Weißwasser   Bautzen

14. Wie kann man ein Rechteck mit drei Strichen zeichnen?

13. Rechne schriftlich:

    a) $4678 - 2963 + 234 =$ b) $59786 + 6394 - 43 =$
    c) $16 \cdot 16 + 12^2 =$ d) $38348 : 4 =$

Tägliche Übung Nr. 17

1. $4 \cdot 8 + 11 =$ 2. $(23 - 17) \cdot 4 =$

3. $19 \cdot 28 \cdot 0 \cdot 17 =$ 4. $60 : 5 + 4 =$

5. $1500 \text{ g} + 1{,}5 \text{ kg} =$ 6. $1{,}3 \text{ km} - 400 \text{ m} =$

7. Wie viele Minuten vergehen von 11: 33 Uhr bis 13: 21 Uhr?

8. $4 \text{ h} + 23 \text{ min} + 120 \text{ s} =$

9. Vergleiche ($<$; $>$; $=$)

   a) $4 \cdot 12$ und 4^2 b) $0{,}5$ und $\frac{1}{2}$ c) $\sqrt{64}$ und 3^2

10. Nenne alle Teiler von 18!

11. Bestimme das Produkt von 4 und 15!

12. Wie groß muss x sein, damit die (Un-) Gleichung stimmt?

    a) $x - 22 = 55$ b) $x \cdot 5 = 40$ c) $x + x > 10$

13. Zeichne ein Quadrat mit 4 gleich großen Dreiecken!

14. Bestimme den Umfang des Dreiecks in Metern!

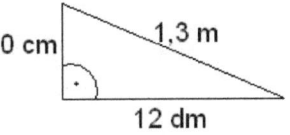

15. Du nimmst an einem Wettrennen teil. Im Rennverlauf überholst Du den Zweiten. An welcher Position bist Du dann?

16. Skizziere die Figur und zeichne alle Symmetrieachsen ein!

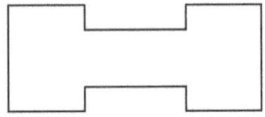

17. Rechne schriftlich:

    a) $3486383 - 2672844 =$ b) $2982484 + 272872 =$

    c) $238943 \cdot 3 =$ d) $356675 : 5 =$

Tägliche Übung Nr. 18

1. $3 \cdot 14 =$ 2. $(38 - 27) \cdot 5 =$

3. $11 \cdot 6 + 4 \cdot 7 =$ 4. $\sqrt{81} =$

5. Wie viele Minuten vergehen von 09: 25 Uhr bis 10: 42 Uhr

6. Wandle jeweils in die nächstkleinere Einheit um.
    a) 0,2 cm   b) 5,5 kg   c) 3min

7. Vergleiche (<; >; =)
    a) 3^2 und $3 \cdot 3$ b) $3 \cdot 3 + 3^2$ und 3^4 c) $\sqrt{49}$ und 8

8. Bestimme die Differenz aus 25 und 19!

9. Ich suche eine Zahl. Wenn ich diese Zahl verdreifache und mit 7
    addiere, erhalte ich 43. Welche Zahl suche ich?

10. Wie groß muss x sein, damit die (Un-) Gleichung stimmt?
    a) $x + 17 = 35$ b) $x \cdot 4 - 12 = 20$ c) $2 \cdot x > 110$

11. Die folgenden Figuren sind mit Streichhölzern gelegt.

1. Figur	2. Figur	3. Figur	4. Figur

    a)   Wie viele Streichhölzer hat die dritte Figur?
    b)   Aus wie vielen Quadraten besteht die 4. Figur?

12. Befragung nach Sportarten:
    Wie viele Schüler spielen
    Fußball (F)?
    Wie viele Schüler wurden
    insgesamt befragt?

    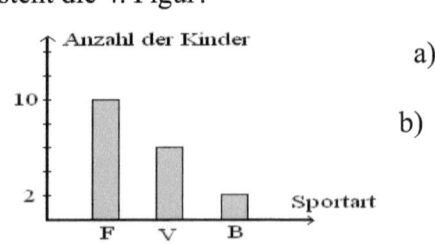

    a)

    b)

13. Rechne schriftlich:

    a) 837892 – 111222 =   b) 7271 + 2781 – 8271 =
    c) 8263 $\cdot$ 7 =   d) 627831 : 9 =

Tägliche Übung Nr. 19

1. $4 \cdot 5 + 12 =$ 2. $(72 - 59) \cdot 6 =$

3. $100 - 6 \cdot 7 =$ Profi: $\sqrt{144} =$

5. Wie viele Minuten vergehen von 13: 43 Uhr bis 15: 28 Uhr

6. Wandle jeweils in die nächstkleinere Einheit um.

   a) $\frac{1}{2}$ m   b) 0,25 kg   c) 4h

7. Ein Würfel mit dem abgebildeten Netz wird einmal geworfen. Es interessiert die oben liegende Farbe. Gib die Chance für die Farbe rot (r) an.

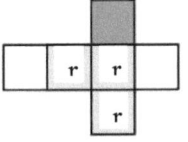

8. Bestimme den Quotienten aus 35 und 7!

9. Ich suche eine Zahl. Wenn ich diese Zahl verdopple und mit 9 subtrahiere, erhalte ich 17. Welche Zahl suche ich?

10. Wie groß muss x sein, damit die (Un-) Gleichung stimmt?

    a) $x - 17 = 74$ b) $3 \cdot x + 15 = 30$ c) $5 \cdot x > 200$

12. Was ist eine Primzahl? Nenne die ersten 4 Primzahlen!

13. Berechne!

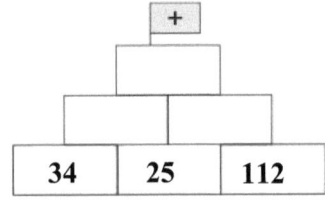

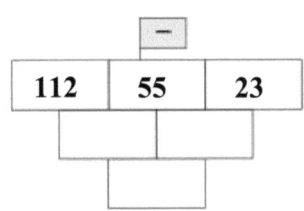

14. Beschrifte den folgenden Bruch mit den Fachwörtern:

    Nenner, Zähler, Bruchstrich,

    Zusatz: Kommazahl (Dezimalbruch) $0,5 = \dfrac{1}{2}$ ————→

15. Rechne schriftlich:

    a) $35663 - 32523 =$ b) $235264 : 4 =$

1. $17 \cdot 2 - 6 \cdot 3 =$ 2. $\sqrt{64} =$

3. $(17 - 12) \cdot 5 =$ 4. $10^2 =$

5. $13 \cdot x = 52$ 6. $77 - 25 : 5 =$

7. Runde 785756 auf
   a) Zehner   b) Tausender   c) Hunderttausender

8. Wie viele Minuten vergehen von 13: 43 Uhr bis 15: 28 Uhr

9. Welche Bruchteile sind farbig gekennzeichnet?

a) 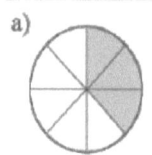   b)    c) 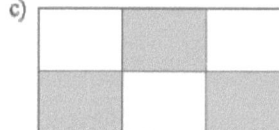   d)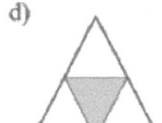

10. Uwe geht 15:15 Uhr los und kommt 16:07 Uhr bei seinem
    Freund an. Wie lange war er unterwegs?

11. Bestimme das Produkt aus 7 und 8 und addiere es zum Quotienten aus
    27 und 3!

12. Ich habe 6 Kärtchen mit Zahlen vor mir liegen. Welches ist die
    größte zehnstellige Zahl, die ich durch geschicktes Hintereinander-
    legen der Kärtchen zusammenstellen kann?

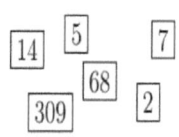

13. Berechne!

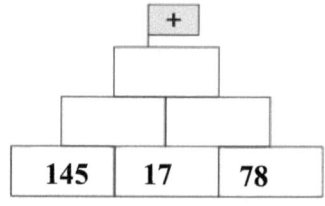   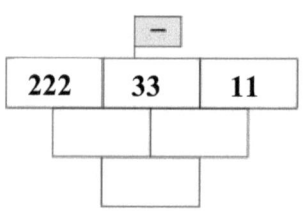

14. Rechne schriftlich:

    a) $69731 + 374 - 134 =$ b) $22848 : 7 =$

Tägliche Übung Nr. 21

1. $12 \cdot 9 =$

2. $\sqrt{36} + 17 =$

3. $(24 + 16) \cdot 7 =$

4. $10^3 =$

5. $77 - 25 : 5 =$

6. $x + 17 = 64$

7. Welche Bruchteile sind farbig gekennzeichnet?

   a) 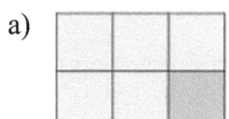   b) 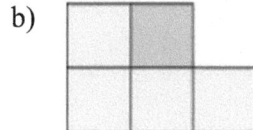   c)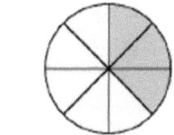

9. Vergleiche ($<$; $>$; $=$)

   a) $\dfrac{3}{2}$ und 1,5   b) 29 und 3^3 c) 13^2 und 6^3

10. Stelle den Bruch $\dfrac{2}{5}$ grafisch dar!

11. Beim Wettrennen des kleinen Muck gegen Hasan, den Oberleibläufer des Sultans, gewann der kleine Muck auf seinen Zauberpantoffeln mit riesigem Vorsprung. Als Muck das Ziel erreichte, war Hasan erst 500 m, ein Achtel der Strecke, gelaufen.

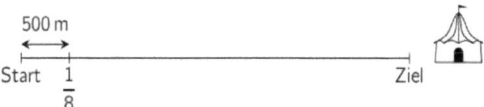

   Welche Strecke hat der kleine Muck vom Start bis zum Ziel zurückgelegt?

   (**A**) 1 km   (**B**) 2 km   (**C**) 4 km   (**D**) 5 km   (**E**) 8 km

12. Bestimme die Differenz von 100 und 77.

13. $3\,h + 33\,min - 120\,s =$

14. Nenne alle Teiler von 18!

15. Setze die Reihe um zwei weitere Zahlen fort!

   a) 140; 138; 134; 128; …   <u>Profi:</u> 5; 10; 30; 120; …

16. Rechne schriftlich:

   a) $63676 + 22235 =$ b) $87364 : 4 =$ c) $2378 + 3878 \cdot 17 =$

Tägliche Übung Nr. 22

1. $55 - 4 \cdot 3 =$
2. $5^2 + 9 =$

3. $750\text{ml} + \frac{3}{4}\text{l} =$
4. $117\text{ct} + 1,42\text{€} = \underline{\quad}\text{€}$

5. a) 18:55 Uhr → 32 Minuten später → .... Uhr
   b) 18:18 Uhr → 25 Minuten früher → .... Uhr

6. Finde <u>zwei</u> zusammengehörende Paare.

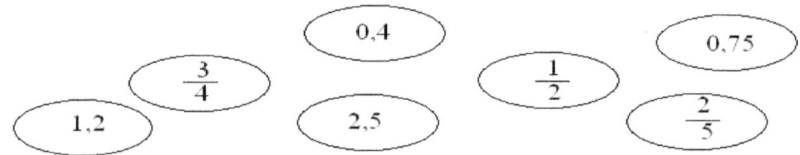

7. Welche Bruchteile sind farbig gekennzeichnet?
   a)    b)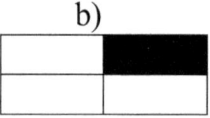

8. a) Die Hälfte von 9000   b) Der 8. Teil von 96

9. Mandy wohnt 1000 m von Julia entfernt. Heute ging Mandy zweimal zu Julia und zurück. Wie viel Meter ist sie gegangen?

10. Stelle den Bruch $\frac{2}{3}$ und $1\frac{2}{3}$ grafisch dar!

11. Berechne Umfang und Flächeninhalt des Rechtecks

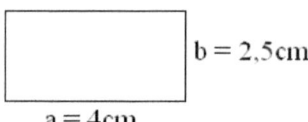

$b = 2,5\text{cm}$

$a = 4\text{cm}$

12. Ich spiele mit meiner Cousine und möchte mit ihr eine Pyramide aus verschieden großen Scheiben bauen. Die rote Scheibe ist kleiner als die blaue, die violette größer als die weiße. Wie könnte die fertige Pyramide aussehen?

13. Bestimme x   a) $2 \cdot x + 1 = 35$ b) $18 : x = 6$

14. Rechne schriftlich:

    a) $184924 - 29387 =$ b) $32465 : 5 =$ c) $7959 \cdot 4 - 6547 =$

22

Tägliche Übung Nr. 23

1. $25 - (9 + 6) =$ 2. $5 \cdot (10 - 4) =$

3. $\sqrt{25} + \sqrt{36} - \sqrt{49} =$ 4. …. ct + 45 ct = 1,50 €

5. a) 21:35 Uhr   → 44 Minuten später → …………….. Uhr
   b) 17:17 Uhr   → 65 Minuten früher → …………….. Uhr

6. Gib für die folgenden Aussagen an, ob sie wahr oder falsch sind.
   a)   Jeder Quader ist ein Würfel.
   b)   Jeder Würfel ist ein Quader.

7. a) Das Doppelte von $77 =$ b) Ein Drittel von $33 =$

8. Berechne den Flächeninhalt der markierten
   Fläche im Quadrat

9. Stelle den Bruch $\frac{4}{5}$ und $2\frac{1}{2}$ grafisch dar!

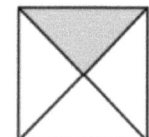

a = 6 cm

10. Schreibe die Sätze mit sinnvollen Angaben.
    a) Max wiegt 39 000 g.
    b) Das Klassenzimmer ist 2 840 mm hoch.
    c) Der Schulweg ist 425 000 cm lang.

11. Aus den vier Pappteilen  lassen sich verschiedene Figuren legen.
    Welche Figur lässt sich mit den Pappteilen *nicht* legen?

    (A)   (B)    (C)   (D)   (E)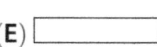

12. Bestimme x   a) $2 \cdot x + 1 = 35$ b) $18 : x = 6$

13. Welche Brüche stellen die Buchstaben auf der Zahlenhalbgeraden dar?

    a)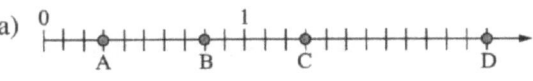

    b)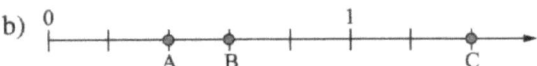

14. Rechne schriftlich:

a) $4664 - 353 - 35 =$ b) $65593 : 11 =$ c) $352 \cdot 6 - 463 =$

Tägliche Übung Nr. 24

1. $13 - (7 + 9) =$ 2. $8 \cdot (12 - 8) =$

3. $\sqrt{64} + \sqrt{4} + \sqrt{100} =$ 4. …. ct + 25 ct = 2,75 €

5. a) 13:38 Uhr   → 25 Minuten später → …………….. Uhr
   b) 06:27 Uhr   → 72 Minuten früher → …………….. Uhr

6. Zeichne 5 Punkte so, dass 3 von ihnen auf einer Geraden liegen und es noch eine **weitere** Gerade gibt, auf der ebenfalls 3 dieser 5 Punkte liegen.

7. a) Das Vierfache von 13 =   b) Ein Viertel von 48 =

8. Schreibe alle geraden Zahlen zwischen 40 und 50 auf.

9. Stelle den Bruch $\frac{3}{10}$ und $1\frac{1}{4}$ grafisch dar!

10. Zeichne einen Zahlenstrahl und trage die folgenden Brüche richtig ein:
    a) $\frac{2}{5}$ b) $\frac{5}{5}$ c) $\frac{7}{5}$ d) $1\frac{4}{5}$

11.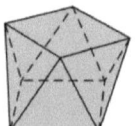
    Die Oberfläche des abgebildeten Körpers besteht aus Quadraten und Dreiecken. Wie viele Flächen sind es insgesamt?

    (**A**) 6   (**B**) 8   (**C**) 9   (**D**) 10   (**E**) 12

12. Bestimme x   a) $x + 12 = 35$ b) $4 \cdot x = 160$

13. Rechne schriftlich:

a) $4636 + 3464 =$ b) $36636 - 23029 =$ c) $1927 \cdot 13 =$

Zusatz: Vermindere das Produkt von 7 und 200 um 300

Tägliche Übung Nr. 25

a) $3 \cdot 4 + 20 =$ b) $(77 - 55) \cdot 2 =$

c) $34 \cdot 12 \cdot 0 \cdot 3 =$ d) $60 : 5 + 12 =$

e) $5^2 + 2^3 - 23 =$ f) $10 \text{ km} - 400 \text{ m} - 1{,}5\text{km} =$

5.   a) 11:11 Uhr   ➔ 111 Minuten später ➔ .... Uhr
    b) 03:35 Uhr   ➔ 44 Minuten früher ➔ .... Uhr

6.   Suche alle Körper heraus! Streiche die Flächen sauber durch!

    Trapez,   Würfel,   Quader,   Quadrat und   Parallelogramm

7.   a) Das Doppelte von 99 =   b) Ein Zehntel von 100 =

8.   Warum hat jeder Spieler die gleiche Chance beim Würfeln?

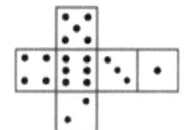

9.   Stelle den Bruch $\frac{5}{9}$ und $2\frac{2}{5}$ grafisch dar!
    Beachte, es kommt auf Sauberkeit an!

10.   Zeichne einen Zahlenstrahl und trage die folgenden Brüche richtig ein:
    a) $\frac{1}{2}$ b) $\frac{3}{4}$ c) $\frac{3}{8}$ d) $1\frac{5}{8}$

11.   Schätze die Länge des Fisches.

12.   Bestimme x
    a) $24 + x = 123$
    b) $7 \cdot x + 5 = 89$

13.   Rechne schriftlich:

a) $2425 + 2455 =$ b) $23563 - 21356 =$ c) $3652 \cdot 8 =$

Zusatz: Ludwig und Klaus haben 20 Euro und sollen diese so unter sich aufteilen, dass Ludwig einen Euro mehr bekommt als Klaus. Wie viel Geld bekommt Ludwig?

Tägliche Übung Nr. 26

1. $7 \cdot 8 + 81 : 9 =$ 2. $\sqrt{144} =$

3. $(33 + 19) - (14 \cdot 3) =$ 4. $75 : 3 =$

5. $3 \cdot 4 - (7 + 2^2) =$ 6. $55 : x + 4 = 15$

7. Vergleiche!

   a) $\frac{3}{3} \square \frac{5}{5}$ b) $1,5 \square \frac{1}{2}$ c) $\frac{7}{9} \square \frac{12}{9}$

8. Wie viele Minuten vergehen von 11: 33 Uhr bis 13: 21 Uhr?

9. Vervollständige!

   a) $\frac{1}{3} = \frac{\square}{9}$ b) $\frac{2}{5} = \frac{14}{\square}$ c) $\frac{2}{5} \xrightarrow{\text{erweitert mit 8}} \square$

10. Wandle um!

    a) $\frac{1}{2} t =$ kg   b) $\frac{1}{4} m =$ cm   c) $\frac{3}{4} l =$ ml

11. Markiere am Zahlenstrahl die Brüche: $\frac{1}{2} ; \frac{1}{4} ; \frac{1}{8} ; \frac{11}{8}$.

    Hinweis: Du musst dieses Mal ein Lineal verwenden!

    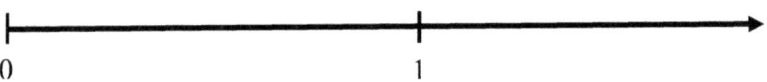

    0   1

12. Vier der fünf eingerahmten Zahlen sind in die Additionsaufgabe einzusetzen, so dass diese korrekt ist. Welche der eingerahmten Zahlen ist nicht dabei?

    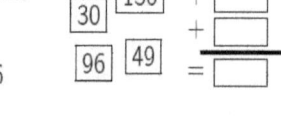

    (**A**) 17   (**B**) 30   (**C**) 49   (**D**) 96   (**E**) 136

13. Gib näherungsweise die Länge und die Breite der abgebildeten Aufbewahrungsbox an.

14. Rechne schriftlich!

    a) $75839 + 642 - 368 =$ b) $29562 : 6 =$ c) $28293 \cdot 7 =$

Tägliche Übung Nr. 27

1. $64 : 4 + 14 =$ 2. $9^2 - 7^2 =$

3. $2{,}5t + \dfrac{3}{2}t =$ 4. $87ct + 3{,}34€ =$ ____ €

5. Runde 970473 auf:

    a) Hunderter   b) Tausender   c) Zehntausender

6. Ein Vater, 33 Jahre alt, hat zwei Töchter. Die Töchter sind 10 bzw. 11 Jahre alt. Wie viele Jahre vergehen, bis die beiden Mädchen zusammen genauso alt sind wie ihr Vater?

    (A) 12   (B) 11   (C) 10   (D) 20   (E) 21

7. Vervollständige!

    a) $\dfrac{1}{4} = \dfrac{}{20}$ b) $\dfrac{3}{8} = \dfrac{21}{}$ c) $\dfrac{3}{7}$ erweitert mit 5 ☐   d) $\dfrac{3}{9}$ erweitert mit 7 ☐

8. Kürze so weit wie möglich!

    a) $\dfrac{3}{9} =$ b) $\dfrac{2}{12} =$ c) $\dfrac{8}{24} =$ d) $\dfrac{11}{44} =$

9. Berechne Umfang und Flächeninhalt des Rechtecks.   b = 3 cm

    a = 4cm

18. Nach seiner ersten Schlossbesichtigung träumt Caspar: Er geht durch eine alte Burg, die Zimmer werden von einem zum nächsten immer größer, und auf jeder der weißen Kacheln des Ka- chelfußbodens liegt ein Goldstück. Im ersten Zim-

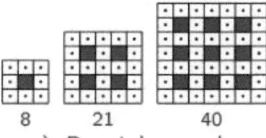

8   21   40

mer sind es 8, im zweiten 21, im dritten 40 (s. Zeichnung). Da wird er wach und fragt sich, wie viele Goldstücke er im nächstgrößeren Zimmer gefunden hätte.

    (A) 75   (B) 49   (C) 65   (D) 70   (E) 63

12. Rechne schriftlich!

    a) $236 \cdot 7 - 357 =$ b) $29768 : 8 =$ c) $282932 : 4 =$